Klaus Kamolz

Schwammerlzeit!

DIE BESTEN SPEISEPILZE IM WALD UND IN DER KÜCHE

DAS GROSSE KLEINE BUCH **71**

2. Auflage

Gesetzt aus der Charter, Hoefler und Whitney.

Medieninhaber, Verleger und Herausgeber:
Red Bull Media House GmbH
Oberst-Lepperdinger-Straße 11–15
5071 Wals bei Salzburg, Österreich

Satz: BoutiqueBrutal.com
Lektorat: Hannes Hessenberger (Ltg.), Petra Hannert, Billy Kirnbauer-Walek, Klaus Peham, Mag. Vera Pink

FSC
www.fsc.org
MIX
Papier aus verantwortungsvollen Quellen
FSC® C012536

Printed in Austria

ISBN 978-3-7104-0157-2

BILDNACHWEIS

Garden World Images; Interfoto; Corbis; DDP Images; Blickwinkel; Getty Images; A1 Pix; Jahreszeitenverlag; Stockfood; Martin Kreil; DPA; Flora Press; Mauritius; Okapia; Imago; Arco Images; Fotofinder; Eisenhut & Mayer; Cover: Okapia Bildarchiv
Illustrationen: Heri Irawan

Inhalt

Pilzkennzeichnung:
- genießbar
- ungenießbar/giftig
- nicht empfehlenswert

Im Wald

GOLDENE REGELN & WERTVOLLE TIPPS

Pilze mögen geflochtene Körbe.

DAS WICHTIGSTE ZUERST

Von den etwa 5.000 in der Natur wachsenden Pilzarten Europas sind gerade einmal 150 giftig, und nur ein Bruchteil dieser kann bei Genuss zum Tod führen. Dennoch kommt es jährlich zu zahlreichen tödlichen Pilzvergiftungen durch Verwechslungen. Deshalb gilt beim Sammeln von Speisepilzen als oberster Grundsatz: ***Nur Pilze aus dem Wald mitnehmen, deren Art mit hundertprozentiger Sicherheit bestimmt werden kann.*** Schon beim geringsten Zweifel sollte man das Schwammerl stehen lassen oder es, um Gewissheit zu erlangen und für die Zukunft zu lernen, zu einer der österreichischen ***Pilzberatungsstellen*** bringen.

NATURBEWUSSTSEIN

Pilzesammeln ist ein kontemplatives Erlebnis in der Natur. Deshalb ist es auch wichtig, die ***Auswirkungen auf die Umwelt*** so gering wie möglich zu halten. Pilze, für die man kein Sammlerinteresse zeigt, sollten in jedem Fall stehen gelassen werden; sie sind wichtig für das ***ökologische Gleichgewicht,*** manche von ihnen sind mittlerweile auch selten geworden und stehen unter Naturschutz.

Sämtlicher Müll (Flaschen, Stanniolpapier etc.) ist wieder mitzunehmen; es schadet dem Wald im Übrigen auch nicht, wenn man gefundenen Unrat ebenfalls entfernt.

STRATEGIE

Passt das Wetter? Diese Frage stellen sich viele Pilzsammler meist am frühen Morgen vor dem Aufbruch. Viel wichtiger ist es aber, die ***Witterungsverhältnisse der vergangenen Tage und Wochen*** in Betracht zu ziehen. Eine ***lange heiße Trockenperiode*** etwa verspricht ebenso wenig Erfolg wie eine kalte und nasse Periode. Auch ***nach dem ersten Frost*** sind heimische Pilze bis auf wenige Arten nicht mehr genießbar.

Wenn die ganze Familie oder eine kleinere Gruppe unterwegs ist, ist der ***Gänsemarsch unangebracht;*** man schwärmt

AUSRÜSTUNG

Ein absolutes Tabu ist das ***Pilzesammeln mit Plastiksäcken.*** In ihnen dunstet der delikate Fund vor sich hin und ist zu Hause meist schon verdorben, was auch wertvolle Speisepilze zu Giftschwammerln machen kann. Der ideale Behälter ist ein ***geflochtener Korb,*** als Notlösung können auch ***Stofftaschen*** verwendet werden.

Wichtig sind auch ein ***Pilzmesser,*** an dessen Knaufende eine kleine Bürste angebracht ist, eine ***Lupe,*** um Details zu erkennen, und ein ***Bestimmungsbuch*** mit realistischen Darstellungen. Außerdem: ***festes Schuhwerk*** mit markantem Profil für rutschige Hänge und ***Regenbekleidung;*** im Gebirge kann das Wetter rasch umschlagen.

Eine ***Zeckenschutzimpfung*** ist ebenfalls ratsam, ebenso ein ***Notfall-Set*** für Personen, die gegen ***Insektenstiche*** allergisch sind. Das ***Mobiltelefon*** lässt man in der oft entlegenen Natur besser eingeschaltet. Rettungsorganisationen dürfen laut Gesetz vermisste Personen über den jeweiligen Netzbetreiber orten.

Pilzmesser

GESETZE

Längst sind die Zeiten vorbei, in denen man unbeschränkt Pilze sammeln durfte. Die ***Pilzverordnungen sind jeweils Landessache,*** die wichtigsten Bestimmungen sind aber weitgehend einheitlich: ***Pro Person und Tag dürfen maximal zwei Kilo Pilze gesammelt werden.*** Allerdings darf eine Gruppe von mehr als vier Personen ***höchstens acht Kilo Pilze*** entnehmen. Sämtliche Werkzeuge wie ***Hacken, Schaufeln oder andere Hilfsmittel*** mit Ausnahme des Pilzmessers sind verboten.

Wie viele Pilze darf man mitnehmen?

stattdessen nebeneinander, im Abstand von einigen Metern, aus.

Wer Pilze finden will, sollte den Blick nicht nur auf potenzielle Fruchtkörper fokussieren. ***Bäume, Böden und Lichtverhältnisse*** sind wichtige Indikatoren für Fundorte.

GEFUNDEN – WAS JETZT?

Ein gefundener Pilz wird zunächst nach den wichtigsten Kriterien begutachtet: Ist die Art zweifelsfrei feststellbar? Ist der Pilz vielleicht noch ***zu jung,*** um bestimmte Merkmale, die ihn von giftigen Doppelgängern unterscheiden, ausgeprägt zu haben? Ist er ***zu alt und schwammig,*** verletzt oder von Würmern und Maden befallen?

Will man ihn mitnehmen, dreht man ihn vorsichtig aus dem Boden oder schneidet ihn knapp unter der Stielbasis ab (Pilze, die auf Holz wachsen, werden immer abgeschnitten) und klopft das kleine entstandene Loch mit der Hand wieder zu; so bleibt das unterirdische Mycel am ehesten intakt. Dann wird der Fund mit der ***Bürste des Pilzmessers*** vor Ort grob

Pilzernte: vorsichtig herausdrehen

geputzt; bei manchen Arten entfernt man auch hier bereits die Huthaut.

RIECHEN UND KOSTEN

Geruch und Geschmack können ***wertvolle Aufschlüsse über die Art*** geben. Manche ungenießbare Pilze riechen sehr typisch – entweder unangenehm nach ***Karbol, Fisch oder Harn;*** gute Speisepilze oft prototypisch nach ***Wald, Anis, Knoblauch oder Suppenwürze.***

Das Kosten empfehlen Experten in den seltensten Fällen. Allenfalls Täublinge dürfen probiert und wieder ausgespuckt werden, um ungenießbare, scharf schmeckende von den kulinarisch relevanten zu unterscheiden. Im Grunde sollte auf Kostproben jedoch eher verzichtet werden.

GEFÄHRLICHE IRRTÜMER

Bis heute kursieren ***alte Volksweisheiten*** zur Bestimmung von giftigen Pilzen. Sie sind in den meisten Fällen falsch. Keineswegs sind Pilze ***nur deshalb genießbar, weil sich Schnecken oder andere Tiere von ihnen ernähren*** oder sie Fraßspuren von Wild aufweisen; es ist erwiesen, dass Schweine (also auch Wildschweine) kaum Vergiftungserscheinungen nach dem Genuss des tödlichen Weißen Knollenblätterpilzes zeigen.

Auch die Geschichte, der zufolge man ein Stück ***Silberbesteck oder eine Silbermünze*** mitführen solle, um Pilze daran zu reiben (Silber laufe bei Giftpilzen angeblich grau an), ist ein reines Ammenmärchen. Und was die Küche betrifft: ***Knoblauch und Zwiebeln verfärben sich in einem Topf mit Giftpilzen nicht schwarz,*** wie kolportiert wird.

In der Küche

WEGE ZUM PERFEKTEN PILZGENUSS

LAGERUNG

Wildpilze sollen ***so schnell wie möglich verarbeitet*** werden. Daheim wird der Fund noch ein letztes Mal begutachtet, um ungenießbare oder giftige Pilze auszusortieren. Dann werden die Pilze ***gründlich geputzt.*** Größere feste Exemplare werden halbiert oder geviertelt, um sie auf Maden oder Würmer zu kontrollieren. ***Geringer Befall schadet dem Genuss nicht;*** durch das Aufschneiden und die kühle Lagerung wird der Wurmfraß gestoppt. Pilze, die später verkocht werden, bewahrt man flach aufgelegt (damit sie nicht aufeinanderdrücken) ***im Kühlschrank*** auf.

PUTZEN ODER WASCHEN

Wenn möglich, ist das ***Waschen von Pilzen zu vermeiden,*** es gibt aber ***Ausnahmen:*** Morcheln und Krause Glucken bekommt man durch Putzen garantiert nicht sauber, sie werden ***kurz und effizient in lauwarmem Wasser gereinigt.***

Mit einem Pinsel wird geputzt.

In allen anderen Fällen macht sich die Putzarbeit im Wald jetzt bezahlt. ***Messer, Bürste und ein Pinsel*** reichen aus, um Waldreste zu entfernen.

Bei größeren Röhrenpilzen wird auch ***das Röhrengewebe unter dem Hut entfernt.*** Dazu führt man einen kurzen Schnitt zwischen Hutfleisch und Röhren und hebt das schwammige Gewebe ab.

EIERSCHWAMMERL-TRICK

Manchmal verzweifelt man beim gründlichen Putzen kleiner fester Eierschwammerl beinahe; viele Pilzsammler verlieren dann die Geduld und waschen sie doch. Das tut man am ***besten in einem Sieb unter kurzem festem Wasserstrahl.*** So behandelte Pilze lassen jedoch in der Pfanne extrem viel Wasser. Es gibt allerdings einen ***Trick,*** das einigermaßen zu verhindern: Schwammerl flach auf ein Sieb legen und ***im Backrohr*** über einem Auffangbehälter (Blech oder Schüssel) bei 40 bis 45 Grad zirka 20 bis 30 Minuten ausdampfen lassen; ***so gewinnen die Pilze sogar noch an Aroma.*** Den abgetropften Sud kann man zum Aufgießen verwenden.

EINLEGEN

Geeignet ***sind festfleischige Pilze*** wie Maronenröhrlinge oder Steinpilze; besonders appetitlich sieht ein Glas kleiner halbierter oder geviertelter Steinpilze aus. Man kann die Pilze in essig- oder öllastigen Marinaden einlegen.

Zutaten: doppelt so viel Weißweinessig wie Wasser, Salz, Lorbeerblätter, Gewürznelken, ganzer schwarzer Pfeffer und reichlich Olivenöl.

Zubereitung: Pilze trocken putzen und schneiden. Alle Zutaten außer dem Olivenöl in einen Topf geben, aufkochen und die Pilze darin zirka 20 Minuten kochen. Dann mit einem Siebschöpfer aus dem Sud heben und – mit einem abgekochten Löffel – in sterile Gläser füllen. Zum Schluss entweder mit Olivenöl oder dem Sud komplett übergießen; beim Einlegen in Essigsud noch etwa einen Zentimeter Öl darüberleeren.

Eingelegte Pilze

TROCKNEN

Feste fleischige Röhren- und Lamellenpilze eignen sich gut zum Trocknen. Sie dürfen aber nicht gewaschen werden. Die geputzten Schwammerl werden in 2 bis 3 Millimeter dicke Scheiben geschnitten.

Getrocknete Steinpilze

1. Lufttrocknen: die Pilze flach auflegen oder mit Nadel und Zwirn auffädeln und aufhängen und bei warmen Temperaturen, aber nicht im direkten Sonnenlicht austrocknen lassen.

2. Ofentrocknen: Pilze flach auf ein mit Backpapier bedecktes Blech legen, bei 40 Grad und leicht geöffneter Ofentür zirka 12 Stunden trocknen lassen.

3. Trocknen im Dörrapparat: Pilze auf die Gitter legen und laut Beschreibung des Geräts trocknen; Dörrgeräte sind ab rund 40 Euro im Fachhandel erhältlich.

Bei allen drei Methoden sollen die Pilzscheiben mehrmals gewendet werden. ***Trockenpilze müssen rascheln wie Herbstlaub*** und beim Verbiegen brechen. Solange sie noch elastisch sind, enthalten sie zu viel Feuchtigkeit, und es besteht die Gefahr von Schimmelbildung.

Lagerung: in Schraubgläsern, dunkel, trocken und kühl. Vor der Verwendung ***15 bis 20 Minuten in lauwarmem Wasser einweichen;*** der Sud kann zum Aromatisieren verwendet werden.

EINFRIEREN

Feste Pilze kann man ***auch in rohem Zustand*** einfrieren. Man schneidet sie in gewünschte Stücke, füllt sie in Plastiksäcke, saugt möglichst viel Luft ab und verschließt die Säcke sofort, um eine Kristallbildung, die die Pilze zerstören würde, zu minimieren.

Eine weitere Methode: ***Pilze 2 bis 3 Minuten blanchieren,*** dann ausdampfen lassen und wie beschrieben einfrieren; die Krause Glucke muss in jedem Fall blanchiert werden.

Andere Pilzarten wie Semmelstoppelpilze, ***Tintlinge und Herbsttrompeten eignen sich nicht zum Einfrieren.*** Sie werden zäh und zum Teil sogar bitter.

PILZPULVER

Es gibt Pilzarten, die sich besonders gut zur Herstellung von Pilzpulver eignen: ***Morcheln, Totentrompeten, Maronenröhrlinge, Steinpilze oder Stockschwämmchen;*** auch die Stiele von Parasol und Tintling ergeben würziges Pulver. Dazu müssen die Pilze, wie unter „Trocknen" beschrieben, völlig entwässert werden.

Zum Herstellen des Pulvers eignen sich ***Mahlmaschinen, gründlich gereinigte Kaffeemühlen*** (sie dürfen nicht mehr nach Kaffee riechen), ***Mörser oder ein Nudelholz,*** mit dem die Pilze zwischen zwei Schichten Backpapier zerrieben werden.

Trockenpilze müssen sofort gemahlen werden, denn sie nehmen aus der Luft wieder Feuchtigkeit auf. Das Pulver sollte ***mindestens die Konsistenz von Polenta*** haben – je feiner, desto besser. Es gibt sowohl Mischpulver als auch sortenreines Pulver; so lässt sich in luftdichten Schraubgläsern ein vielfältiges Sortiment herstellen.

Mit Pilzpulver werden ***Pilzgerichte noch intensiver;*** man kann aber auch andere Speisen wie Steaks oder Salate damit würzen.

In der Ernährung

NÄHRWERT, VITAMINE, GEFAHREN

KALORIEN & CO.

Pilze sind extrem kalorienarm und deshalb eine weitverbreitete Diätspeise. So haben 100 Gramm Eierschwammerl nur um die ***25 Kalorien***, dieselbe Menge Steinpilze ungefähr 35.

Dominierend ist der Wassergehalt, der durchwegs um die 90 Prozent beträgt. Der Fettgehalt der meisten Speisepilze liegt deutlich unter 1 Prozent, der Eiweißgehalt schwankt zwischen 2,5 und etwas mehr als 5 Prozent.

Außerdem enthalten Pilze wichtige ***Vitamine der Gruppen B (Folsäure) und D.*** Diese können allerdings nur beim Genuss von rohen Pilzen absorbiert werden, wozu nur wenige Arten geeignet sind; ein paar Scheiben roher Champignons oder Steinpilze in einem Salat machen die Vitaminzufuhr jedoch möglich. ***Kalium und Phosphor*** sind die bedeutendsten gesundheitsunterstützenden Mineralstoffe, die nennenswert in Pilzen vorhanden sind.

Vitaminreich und sättigend

DIE SATTMACHER

Ein Pilzgericht sättigt schneller als andere Speisen. Das liegt an den Zellwänden: Sie enthalten im Gegensatz zur Pflanzenwelt, in der Zellulose die Strukturen stützt, ***Chitin,*** das auch im Tierreich (z. B. bei Krustentieren) weit verbreitet ist. Chitin ist ein Polysaccharid, das vom Körper nur schwer abgebaut werden kann, weshalb Pilze generell eher schwer verdaulich sind.

DIE RADIOAKTIVE FRAGE

Unbestritten weisen Pilze auch 30 Jahre nach Tschernobyl noch eine erhöhte Strahlenbelastung auf; da man sich aber nicht hauptsächlich von ihnen ernährt, bleibt das ***Risiko vertretbar.*** Zahlen der Agentur für Gesundheit und Ernährungssicherheit aus dem Jahr 2006, die wegen der beträchtlichen Halbwertszeiten noch heute uneingeschränkt gültig sind, lassen den maßvollen Genuss von Schwammerln unbedenklich erscheinen.

Bei Eierschwammerln und Steinpilzen liegt die Belastung mit Cäsium-137 im Schnitt ***unter den Grenzwerten der EU*** von 600 Becquerel pro Kilo, wodurch selbst bei mehreren Mahlzeiten die Belastung unter den jährlichen 2,9 Millisievert bleibt, die durch natürliche Strahlung erreicht werden. Zu den am meisten kontaminierten Pilzen gehören die ***Röhrlinge und Täublinge.***

WAS TUN BEI PILZVERGIFTUNGEN?

Es gibt Pilzvergiftungen mit kurzer und solche mit langer Latenzzeit. Bei ersten Anzeichen einer Vergiftung, auch mehrere Tage nach dem Verzehr einer Pilzmahlzeit, ist sofort mit der Vergiftungszentrale in Wien Kontakt aufzunehmen.

Vergiftungsnotruf: 01/406 43 43

Folgende lebenswichtige Regeln sind zu beachten:

- Sofort die Rettung verständigen (Tel.: 144).
- Pilzreste vom Putzen, Speisereste und, wenn vorhanden, Erbrochenes in einem Plastikbeutel mitnehmen.
- Keine Substanzen, die zum Erbrechen führen, verabreichen – auch keine Milch und keine Salzwasserlösung.
- Beim Transport ins Krankenhaus auf freie Atemwege und stabile Seitenlage achten.

Merkmale

FACHBEGRIFFE FÜR DIE PILZBESTIMMUNG

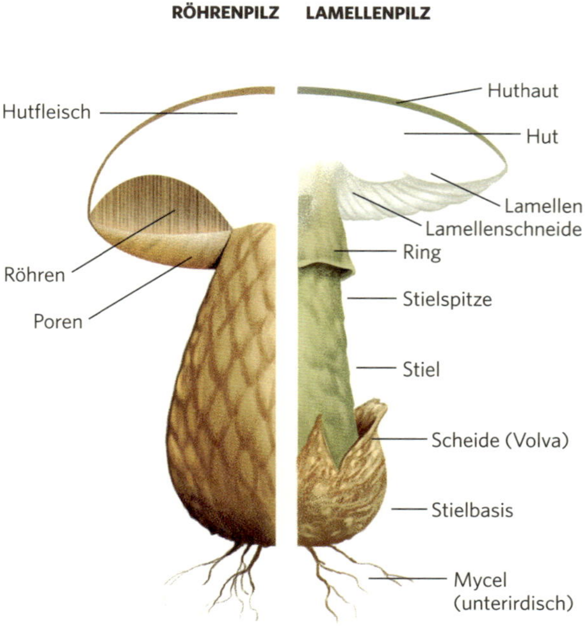

Ein Röhrenpilz (links) und ein Lamellenpilz im Querschnitt

HUTFORM

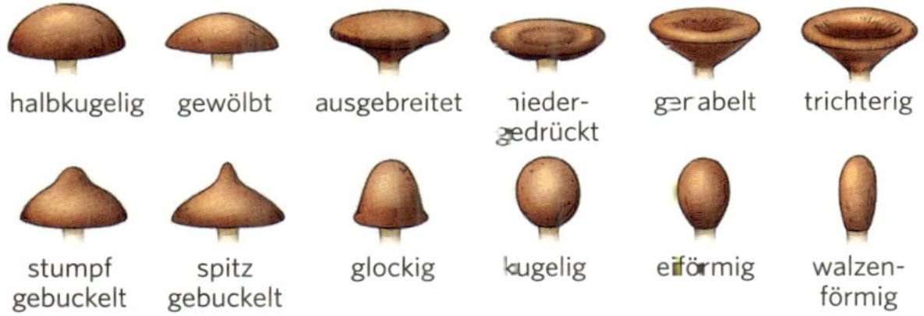

HUTOBERFLÄCHE

KNOLLE

RING, MANSCHETTE

STIELFORM

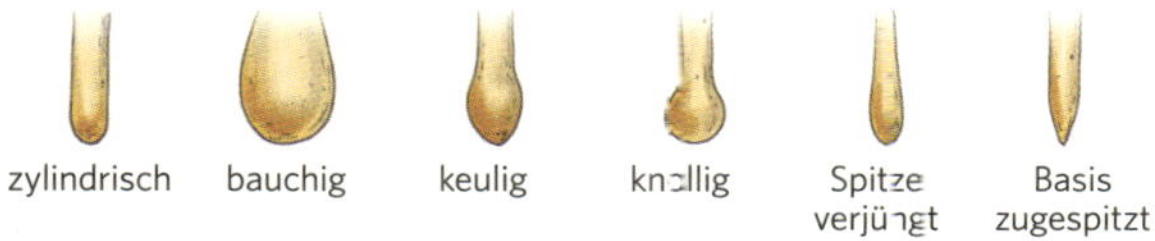

Biologie

DIE FASZINIERENDE WELT DER PILZE

DER FRUCHTKÖRPER

Streng wissenschaftlich gesehen ist es falsch, wenn wir den Ausdruck „Pilze sammeln" verwenden. In Wahrheit sind wir nur auf der Suche nach den kurzlebigen Fruchtkörpern, die der eigentliche Pilz, das sogenannte Mycel, zur Vermehrung bildet.

Das Mycel ist ein ***Fadengeflecht***, das sich im jeweiligen Substrat (Erde, Laub, lebendes oder totes Holz, pflanzliche oder tierische Stoffe, wozu Lebensmittel, aber auch die Haut zu zählen sind) ausbreitet. An manchen Stellen bilden die Fäden, die Hyphen genannt werden, Knötchen, aus denen dann die Fruchtkörper sprießen.

Mikroskopisch betrachtet besteht auch der Fruchtkörper, den wir verzehren, aus einem kompakten Hyphengewebe. Im Fall der Speisepilze befindet sich bei den meisten Arten unter dem Hut ein lamellen- oder röhrenartiges Gewebe, in dem Sporen gebildet und auf unterschiedliche Art – zum Beispiel ***durch Wind oder pilzfressende Lebewesen*** – verbreitet werden.

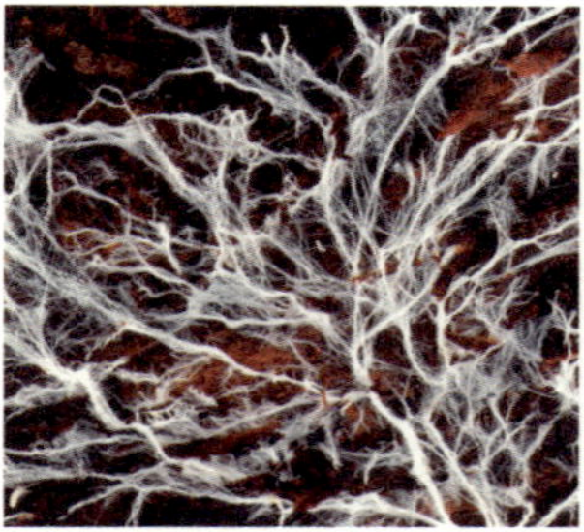

Mycel eines Pilzes

WEDER PFLANZE NOCH TIER

Lange Zeit galten Pilze als niedere Pflanzen, doch seit geraumer Zeit werden sie in der Wissenschaft als eigenes Reich, neben dem der Flora und Fauna, geführt. Dabei sind ***Pilze in manchen Aspekten den Tieren ähnlicher als den Pflanzen.*** So sind sie mangels Chlorophyll nicht zur Photosynthese fähig, können also kein Licht in Energie umwandeln. Zudem sind Pilze heterotroph; das heißt, sie leben von Nährstoffen, die andere organische Formen bilden.

Etwa 100.000 Arten von ein- und mehrzelligen Pilzen sind heute bekannt; die Wissenschaft schätzt aber, dass es weit mehr als eine Million gibt.

DAS GRÖSSTE LEBEWESEN

Ein mysteriöses Waldsterben im Malheur-Nationalpark im US-Bundesstaat Oregon führte im Jahr 2000 zur Entdeckung des größten bis heute bekannten Lebewesens. Es ist ein ***Speisepilz aus der Gruppe der Hallimasche,*** dessen Mycel sich vermutlich im Lauf von

DIE HEXENRINGE

Mehrere Dutzend europäischer Pilzarten können dieses ***seltsame Phänomen*** ausbilden. Ein Hexenring entsteht aus einem gleichmäßig in alle Richtungen wachsenden Mycel, das irgendwann aus Nährstoffmangel nicht mehr weiterwächst und an seinem Ende Fruchtkörper entstehen lässt.

Der Name rührt vom alten Aberglauben, wonach solche Ringe ***Versammlungsorte von Hexen*** seien, die man nicht betreten dürfe. Der Glaube an die Magie von Hexenringen war in vielen Kulturen verbreitet; noch im 20. Jahrhundert deuteten sie Esoteriker als Ufo-Landeplätze.

Heute gelten Hexenringe in Kulturlandschaften als Rasenkrankheiten, weil sie zu Grasverfärbungen führen.

Ein typischer Hexenring

PILZE SIND ÜBERALL

Ein Schwammerl im Wald - das ist tatsächlich nur die Spitze des Eisbergs. Pilze gibt es überall; viele davon - längst nicht nur die Speisepilze - bringen dem Menschen Nutzen, viele andere aber - nicht nur die klassischen Giftpilze - haben schädliche Auswirkungen. Vergessene Lebensmittel, die von weißlich-grauen Flaumschichten, den Schimmelpilzen, überzogen sind, zeugen davon.

Edelschimmelpilz Botrytis

Selbst unser Körper ist von Pilzen über- und durchwuchert: Sie wachsen in Hautschichten, auf den inneren Schleimhäuten, unter den Nägeln oder im Mund. Erst wenn sie zu wuchern beginnen und Krankheitsbilder erzeugen, fallen sie uns auf. Pilze können Krankheiten allerdings auch heilen: *Penicillium notatum*, von ***Alexander Fleming*** 1928 durch Zufall entdeckt, ist ein Schimmelpilz, der Bakterien tötet und die Geburtsstunde der ***Antibiotika*** markiert.

Pilze begegnen uns aber auch im Alltag: Ein ***Glas Bier*** können wir nur wegen der Hefepilze trinken; ein Stück Brot oder Mehlspeise ebenfalls wegen der Hefepilze. Bestimmte kostbare Süßweine entstehen nur, wenn der Pilz ***Botrytis cinerea*** Traubenschalen durchlöchert, wodurch die Flüssigkeit in den Beeren verdunstet, was die Aromen verdichtet. Zu den nicht schädlichen Schimmelpilzen zählen auch jene, die beim ***Affinieren von Käse*** wirksam werden.

2.400 Jahren über fast 900 Hektar ausbreitete. Hallimasche sind parasitische Pilze, die in lebendem Holz die Weißfäule hervorrufen. Nur wegen der absterbenden Bäume konnte das schätzungsweise ***600 Tonnen schwere Mycel*** entdeckt werden.

Allgemein zählen die Fruchtkörper der Hallimasche zu den essbaren Pilzen und sind im Süden Europas beliebt; roh sind sie jedoch sehr giftig. Auch das Kochwasser muss gewissenhaft entsorgt werden.

PILZ UND GIFT

Von den etwa 3.000 europäischen Großpilzarten ist nur ein knappes Dutzend tödlich giftig. Es sind vor allem jene Fruchtkörper, die ***Amatoxin*** enthalten; dazu gehören in erster Linie die Knollenblätterpilze. Deshalb bezeichnet man auch das Krankheitsbild einer solchen, in immer noch zehn bis fünfzehn Prozent der Fälle tödlich verlaufenden Vergiftung nach dem wissenschaftlichen Namen des Grünen Knollenblätterpilzes (*Amanita phalloides*) als ***„Phalloides-Syndrom“***.

Amatoxin ist ein heimtückisch wirkendes Gift, bei dem die ersten Symptome einer Vergiftung, starker Brechdurchfall, erst nach 8 bis 24 Stunden auftreten. Danach folgt eine ***trügerische Phase der Linderung,*** bevor nach einigen Tagen die fatale Wirkung des Toxins richtig einsetzt

Amatoxin zerstört vor allem Zellen mit einem raschen Stoffwechsel, wodurch es in erster Linie zu schweren Leber- und Nierenschäden kommt. Ein Fruchtkörper enthält im Schnitt zehn Milligramm Amatoxin, das ist fast die doppelte tödliche Dosis für einen Erwachsenen.

Zur Akutbehandlung und Magenentleerung werden zunächst ***Tierkohle*** und durchfallerregende Medikamente verabreicht; in der Folgetherapie hat sich mittlerweile ein weiterer Pilz etabliert: ***Penicillin G.***

Ähnlich verlaufen Vergiftungen durch die ***Frühjahrslorchel***, die mit der Speisemorchel verwechselt werden kann. Das Gift dieses Pilzes heißt Gyromitrin und ist hitzelabil; deshalb wurden abgekochte Lorcheln früher nicht selten verzehrt.

Kuriosität am Rande: Gyromitrin wird im menschlichen Körper zu Monomethylhydrazin umgewandelt, das künstlich hergestellt als ***Treibstoff für Satelliten*** und Raketen genutzt wird.

DER FLIEGENPILZ-KULT

Kultischen Charakter seit Jahrtausenden hat das Gift des Fliegenpilzes, die ***Ibotensäure.*** Bei Temperaturen ab 60 Grad wandelt sich diese in Muscimol um und erzeugt leichte Übelkeit sowie rauschähnliche Zustände; deshalb wurden aus Fliegenpilzen ***berauschende Getränke oder Suppen*** gebraut. Stücke des Pilzes, in Milch eingeweicht, dienten früher auch als ***Fliegenfallen***, weil die Insekten dadurch benommen wurden und leicht erschlagen werden konnten.

Kultisch genutzte Fliegenpilze

Fliegenpilze wurden aber auch zur Geschmacksverstärkung von Pilzgerichten verwendet. In Japan ist der Wirkstoff Ibotensäure aufgrund ähnlicher Effekte wie Natriumglutamat sogar als Nahrungsmittelzusatzstoff zugelassen.

PILZSAMMLER ÖTZI

Es gibt wohl keinen eindringlicheren Nachweis für die frühe Nutzung von Pilzen als die Gürteltasche von „Ötzi“, dem Mann, der vor rund 5.300 Jahren auf dem Hauslabjoch sein Leben aushauchte. In dessen Tasche fanden sich zwei auf ***Fellstreifen gefädelte Stücke des Birkenporlings*** *(Piptoporus betulinus)*, dessen entzündungshemmende Wirkung schon zu Ötzis Lebzeiten bekannt war.

Die Forscher gehen davon aus, dass der Mann aus dem Eis an dem Pilz gekaut haben dürfte, um so seine von Parasiten

DER KNOLLENBLÄTTERPILZ-TEST

Ende der siebziger Jahre wurde ein Verfahren entwickelt, mit dem sich auch zu Hause das Gift des Knollenblätterpilzes nachweisen lässt.

Der Lignin-Test funktioniert wie folgt: Man nimmt ein Stück unbedrucktes, möglichst holzhaltiges ***Zeitungspapier,*** drückt ein daumennagelgroßes Stück des Pilzes darauf und zeichnet die Konturen mit einem Bleistift nach. Danach lässt man das Papier gut trocknen und gibt einen Tropfen 20- bis 25-prozentiger Salzsäure auf die markierte Stelle. Weist das Pilzstück einen Amatoxingehalt von mindestens 0,02 Milligramm auf, verfärbt sich die Stelle ***nach wenigen Minuten grün bis blaugrün.***

Wichtig: Bei Nichtverfärbung nach diesem Verfahren sollte man sich dennoch keinesfalls auf die Genießbarkeit des Pilzes verlassen.

Der giftige Knollenblätterpilz

verursachten Bauchschmerzen zu lindern. Ötzi hatte auch ein Stück ***Zunderschwamm*** dabei, das ihm das Feuermachen erleichterte.

In einer mit fiktiven Elementen angereicherten TV-Dokumentation über den Mann aus der Jungsteinzeit wird er auch bei der Zubereitung und dem Verzehr von Fliegenpilzen gezeigt, deren Gift zur Bewusstseinserweiterung eingesetzt wurde.

Birkenpilz

LECCINUM SCABRUM / ORDNUNG: BOLETALES (RÖHRENPILZE)

Hut: *bis zu 15 cm breit, hell- bis rotbraun, polsterförmig;* ***Stiel:*** *bis zu 20 cm lang und 4 cm breit; schlank, nach oben verjüngt und geschuppt;* ***Saison:*** *Juni bis Oktober.*

MERKMALE

Der Hut bildet sich von der Halbkugelform zum ***polsterartigen Schirm*** aus; die Farben changieren zwischen ***Hellbraun und Rotbraun.*** Polsterartig nach unten gewölbt ist auch die Röhrenschicht, die anfangs weiß ist und später leicht grau wird. ***Auf Druck verfärbt sie sich schwach braun.*** Der Stiel ist langgezogen und verjüngt sich zur Spitze. Er ist von braunen bis dunkelgrauen Schuppen überzogen. Das Pilzfleisch wird rasch weich und schwammig.

FUNDORTE

Der Birkenpilz ist ein ***Mykorrhizapilz der Birke*** und recht häufig zu finden. Fundorte sind gut nachgewiesen in:

Vorarlberg, Kärnten, Hausruckviertel, Salzkammergut, Mittelburgenland, südlichem Niederösterreich und ***Waldviertel.***

NAMENSKUNDE
Birkenpilz bezieht sich auf den Baumpartner. Im Volksmund auch ***Birkenröhrling, Goaßhaxn, Jagahaxn, Pfaffenkopf, Grauhendl, Kapuziner, Rotzling*** oder ***Grasmandl.***

DOPPELGÄNGER
Wie auch bei der Birkenrotkappe besteht eine Verwechslungsmöglichkeit mit dem ***extrem scharf schmeckenden Pfefferröhrling,*** der eine ähnliche Hutfarbe hat, sich aber durch seinen ***Stiel ohne Schuppen*** deutlich unterscheidet. Der ***Gallenröhrling*** kann ebenfalls

Pfefferröhrling

Gallenröhrling

versehentlich im Birkenpilzkorb landen, allerdings wohl nicht sehr häufig. Er besiedelt eher Nadelwälder und hat auf dem Stiel ein deutliches braunes Netzmuster.

KÜCHE
Birkenpilze bräunen beim Kochen; man kann den Effekt aber durch ***Zugabe von etwas Zitronensaft oder Essig*** mildern. Junge Birkenpilzkappen ***schmecken eingelegt sehr gut.*** Weiters eignen sie sich hervorragend für ***Pilzsaucen,*** zum ***Backen*** oder für ***gefüllte Pilzköpfe.***

Birkenrotkappe

LECCINUM TESTACEOSCABRUM / ORDNUNG: BOLETALES (RÖHRENPILZE)

Hut: *bis zu 20 cm breit, orange bis ziegelfarben, anfangs mit dem Stiel verwachsen, später polsterförmig;* ***Stiel:*** *bis zu 15 cm lang und 4 cm breit, schwarz geschuppt;* ***Saison:*** *Juni bis Oktober.*

MERKMALE

Der Hut der jungen Birkenrotkappe ist beim jungen Fruchtkörper ***kaum breiter als der Stiel*** und mit diesem verwachsen, später fächert er rund gewölbt auf, die Röhren entwickeln sich von cremefarben bis graubraun. Charakteristisch ist die orange Ziegelfarbe der trockenen Huthaut. Von Beginn an ist der zunächst bauchige, dann keulige bis zylindrische ***Stiel*** mit schwarzen Schuppen bedeckt. Auf Druck oder beim Anschnitt ***verfärbt sich das Pilzfleisch bläulich bis violett*** und wird später schwarz.

FUNDORTE

Wie der Name sagt, lebt die Birkenrotkappe in ***Gemeinschaft mit Birken*** in heideartigen Landschaften, aber auch in

Nadelaufforstungen, die mit Birken durchwachsen sind. Regionen: ***Kärnten, Waldviertel, Wienerwald, Bucklige Welt.***

NAMENSKUNDE
Ein sehr gängiger Name ist ***Heiderotkappe.*** Sehr breit ist auch die Palette von Namen, die auf den rotorangen Hut des Pilzes anspielen: ***Rotkäppchen, Rothauberl, Rotdecke***. Der Pilz wird auch ***Kapuziner*** oder ***Raufuß*** (Gattung der Raufußröhrlinge) genannt. Der volkstümliche Name ***Ruaßling*** spielt auf die schwarzen, an Ruß erinnernden Schuppen am Stiel an. Im süddeutschen Grenzraum ist auch die Bezeichnung ***Frauenschwammerl*** geläufig.

DOPPELGÄNGER
Verwechslungsgefahr besteht nur mit ebenso genießbaren Rotkappen wie ***Eichen-*** oder ***Espenrotkappe.*** Der ***Pfefferröhrling*** sieht den Rotkappen zwar entfernt ähnlich, bei ihm sind aber Stiel und Hut gleich rotbraun gefärbt, und der Stiel hat keine Schuppen. Er ist ***nicht giftig,*** aber sehr scharf.

Espenrotkappe

Pfefferröhrling

KÜCHE
Rotkappen gelten zwar als ausgezeichnete Speisepilze, werden aber trotzdem oft verschmäht, weil sie sich ***beim Kochen schwarz verfärben.*** Das tut der Qualität allerdings keinen Abbruch. Sie eignen sich zum ***Sautieren*** mit Öl, Knoblauch und Kräutern, zum ***Panieren und Backen*** oder für ***Pilzsaucen.*** Man kann sie auch roh einfrieren.

Brätling

LACTARIUS VOLEMUS / ORDNUNG: RUSSULALES (SPRÖDBLÄTTLER)

Hut: *bis zu 15 cm breit, orangebraun, hellgelbe Lamellen, klebrige weiße Milch, Heringsgeruch;* ***Stiel:*** *bis zu 12 cm lang und 3 cm breit;* ***Saison:*** *Juli bis November.*

MERKMALE

Der gewölbte, ***anfangs eingerollte Hut*** entwickelt eine ***ausgebreitete Form*** mit manchmal leicht gewelltem Rand, er ist braun mit Einschlägen von Gelb bis Orange und Rot. Die Lamellen sind hellgelb und am zylindrischen Stiel angewachsen. ***Druckstellen verfärben sich braun;*** aus den Lamellen und dem Stiel dringt bei Bruch klebrige weiße Milch, die später bräunt. Typisch ist der Geruch nach Hering oder Krustentieren.

FUNDORTE

Brätlinge wachsen in ***Laub- und Nadelwäldern,*** vor allem bei ***sehr warmem Sommerwetter.*** Eine Bauernregel besagt, dass sie nach der ***Getreideernte*** sprießen. Die Bestände sind rückläufig, man sollte nicht zu große Mengen sammeln. Dokumentierte Fundorte in Österreich: ***Rheintal, Salzkammergut, Unterkärnten, Waldviertel, Mittelburgenland, Bucklige Welt.***

NAMENSKUNDE

Der Name stammt von der bestgeeigneten Zubereitungsart. Die charakteristische Milch ist Hintergrund für die Namen ***Milchbrätling*** und ***Birnenmilchling.*** Volkstümlich auch: ***Brotpilz, Goldbratling.***

DOPPELGÄNGER

Am ehesten ist der Brätling mit dem ***Rotbraunen Milchling*** zu verwechseln, der eine ***sehr scharfe Milch*** absondert und ***nach Harz riecht;*** er ist als ungenießbar, aber nicht giftig klassifiziert. Seine ***weiße Milch verfärbt sich nicht,*** ebenso reagieren Druckstellen nicht mit Farbänderung.

KÜCHE

Brätlinge sollten möglichst rasch und forciert ***im Ganzen gebraten*** werden, damit keine Milch austritt. Langsam gedünstet oder gekocht, werden sie unangenehm schleimig. In der kulinarischen Pilzliteratur wird mitunter auch das ***scharfe Anbraten in Butter- oder Schweineschmalz*** empfohlen. Manche Pilzliebhaber verspeisen junge Brätlinge auch roh. Der typische Fischgeruch verflüchtigt sich übrigens beim Garen.

Rotbrauner Milchling

Edelreizker

LACTARIUS DELICIOSUS / ORDNUNG: RUSSULALES (SPRÖDBLÄTTLER)

Hut: *bis zu 20 cm breit, flach, mit hellgelb und orange konzentrisch gepunkteten Kreisen;* ***Stiel:*** *bis zu 5 cm lang und 2 cm breit, im Anschnitt orangerote Milch;* ***Saison:*** *August bis Oktober.*

MERKMALE

Der Edelreizker oder auch Echte Reizker ist ein breiter, gedrungener Pilz aus der ***Gattung der Milchlinge.*** Der typische Hut mit konzentrisch angelegten gefleckten Kreisen in Hellgelb und Orange ist anfangs gewölbt, später flach mit einer kleinen ***Vertiefung in der Hutmitte.*** Im Alter kommen noch grüne Flecken dazu. Der Stiel ist schmutzig-weiß bis fahlgelb und mit kleinen orangebraunen Grübchen überzogen. Die engen ***Lamellen sind hellorange*** und bekommen später ebenfalls grüne Flecken. Typisch ist die orangerote Milch, die im Anschnitt austritt und sich eingetrocknet schmutzig-grün verfärbt; auch das hellorange Pilzfleisch nimmt nach einiger Zeit grünliche Töne an. Edelreizker sind ***häufig stark von Maden befallen,*** daher empfiehlt sich das Längshalbieren schon im Wald.

FUNDORTE

Der Mykorrhizapilz bevorzugt ***Kiefern als Partner,*** ist aber auch unter anderen Nadelbäumen gelegentlich zu finden; er wächst in ***eher lichten Waldlagen*** sowie an Waldrändern und Wiesen. In Österreich häufig dokumentierte Fundorte: ***Südkärnten, Bucklige Welt, Mittelburgenland, Wald- und Weinviertel.***

NAMENSKUNDE

Das Wort Reizker stammt aus dem Slawischen und bedeutet ***rote Milch.*** Volkstümlich wird er auch ***Blutreizker*** oder ***Karottenmilchling*** genannt.

DOPPELGÄNGER

Der ***Birkenreizker*** (auch Birkenmilchling) ist ein ***giftiger Doppelgänger*** des Speisepilzes, der heftige Verdauungsbeschwerden verursacht. Sein Farbspektrum ist ***eher im Rosabereich*** angesiedelt; am Hut-

Birkenreizker

rand hat er fransige Zotteln. Ein deutliches Unterscheidungsmerkmal ist die ***weiße Milch des Birkenreizkers.*** Er wächst auch lieber in Gesellschaft von Laubbäumen, vor allem – wie der Name schon sagt – im Schatten der Birke.

KÜCHE

Reizker werden zumeist vor der weiteren Verarbeitung ***in Salzwasser*** blanchiert. Sehr gut schmecken auch die ***gegrillten Hüte.*** Eine Spezialität sind ***in Essigmarinade eingelegte Edelreizker.*** Warnhinweis: Die Reaktion des Farbstoffs in den Nieren kann zu einer rötlichen Färbung des Urins führen; das Phänomen ist aber völlig unbedenklich.

Eierschwammerl

CANTHARELLUS CIBARIUS /
ORDNUNG: CANTHARELLALES (LEISTENPILZE)

Hut: *bis zu 10 cm breit, anfangs halbkugelig, später trichterförmig; die lamellenartigen Leisten gehen in den Stiel über;* ***Stiel:*** *bis zu 6 cm lang, blass- bis dottergelb;* ***Saison:*** *Juni bis November.*

MERKMALE

Die Hüte sind gewölbt mit ***breitem fleischigem Stiel*** oder entfalten sich ***trichterförmig,*** wobei der Stiel eher dünn bleibt. Farbe: ***Hell- bis Dottergelb,*** der Stiel ist mitunter etwas heller als der Hut und verjüngt sich zur Basis. Die ***gegabelten oder geäderten Leisten*** (keine echten Lamellen) gehen ansatzlos in den Stiel über. Duftet intensiv nach Waldboden oder Marillen.

FUNDORTE

Im gesamten Alpenraum weit verbreitet. Es wächst hierzulande vor allem in Symbiose mit ***Fichten, Rotbuchen, Kiefern, Tannen*** und ***Eichen.*** Oft bricht es in großer Zahl aus Moosen und Baumnadelablagerungen. Kernzonen: ***Tirol, Steiermark, Kärnten, Osttirol, Wald- und Weinviertel, Mittel- und Südburgenland.***

NAMENSGEBUNG

Eierschwammerl kommt von der ***dottergelben Farbe***, Pfifferling vom leicht ***pfeffrigen Geschmack.*** Und kein Speisepilz hat in unseren Breiten so viele volkstümliche Namen: ***Goldschneckerl, Rehling, Recherl, Goldlackerl, Nagerl, Zecherl, Rehgoaßl, Gallitschel*** etc.

DOPPELGÄNGER

Der ***falsche Eierschwamm*** ist ein echter Blätterpilz, dessen Hutrand aber nie auffächert und der oft orangefarbener als das Eierschwammerl ist. Er ist ungiftig, aber wertlos. Der bei uns seltene ***Leuchtende Ölbaumtrichterling*** (seine Lamellen können in der Nacht leicht leuchten) hingegen ist ***giftig.*** Er wächst zwar ***auf Holz,*** das können jedoch auch unterirdische Wurzeln sein, sodass es aussieht, als würde er aus dem Boden sprießen. Der orangebraune Hut ist oft zerfranst.

Falscher Eierschwamm

Leuchtender Ölbaumtrichterling

KÜCHE

Vielseitig einsetzbar in Salaten, Saucen, Pasteten, Eintöpfen, Nudel-, Eier- und Reisgerichten, als Tatar. Muss manchmal leider gewaschen werden, wenn im Wald nicht gründlich vorgeputzt wurde, und lässt dann ***beim Kochen sehr viel Wasser.***

Zubereitung: Kochen, Braten, Panieren (größere Stücke). Zum Trocknen ungeeignet; nur blanchiert einfrieren.

Frauentäubling

RUSSULA CYANOXANTHA / ORDNUNG: RUSSULALES (SPRÖDBLÄTTLER)

Hut: *bis zu 15 cm breit, grau, violett bis grün, gewölbt mit kleinem Trichter, elastische weiße Lamellen;* ***Stiel:*** *bis zu 10 cm lang und 3 cm breit;* ***Saison:*** *Juni bis Oktober.*

MERKMALE

Der Frauentäubling hat als einziger der Täublinge ***biegsame statt brüchige oder splitternde Lamellen***. Der weiße Stiel hat eine leicht verjüngte Basis und verfärbt sich bei reiferen Pilzen mitunter ganz ***leicht rötlich.*** Die Huthaut ist von der Außenseite her zum Teil abziehbar, bei feuchter Witterung wird sie ***glänzend und klebrig***. Die gedeckten Hutfarben Grau, Purpur und Grün verlaufen ineinander. In der Jugend festes Pilzfleisch, später eher schwammige Konsistenz.

FUNDORTE

Weit verbreitet in ***Laub- und Nadelwäldern*** sowie ausgedehnten Parkanlagen; bevorzugte Vegetation in der Umgebung: ***Eichen, Rotbuchen,***

Fichten und ***Weißtannen.*** Besonders häufig dokumentierte Fundorte: ***westliches Vorarlberg, Inntal, Klagenfurter Becken, Salzkammergut, Wald- und Weinviertel, Wienerwald, Mittelburgenland, Süd- und Südoststeiermark.***

NAMENSKUNDE
Eine mögliche Herkunft des Namens könnte auf der Hutfarbe beruhen, die in den ***Farben von Taubengefieder*** oszillieren. Andere Quellen verbinden den Namen mit dem ***scharfen Geschmack einiger Täublingsarten,*** der die Zunge betäubt. In der Pilzliteratur wird es für fortgeschrittene Kenner als zulässig erachtet, Täublinge zu kosten und wieder auszuspucken, um sie näher zu bestimmen. Weitere volkstümliche Namen: ***Blautäuberl, Papageienschwamm.***

DOPPELGÄNGER
Verwechslungsgefahr besteht mit dem hochgefährlichen ***Grünen Knollenblätterpilz.*** Bei einiger Kenntnis sind jedoch markante Unterschiede auszumachen: Die Stielbasis des Knollenblätterpilzes ist

Grüner Knollenblätterpilz

von einer deutlichen Scheide (Volva) umgeben; der Stiel selbst verfügt über einen Ring.

KÜCHE
Täublinge eignen sich gut als ***Mischpilze in Ragouts*** und zum Braten, wodurch sie einen angenehm nussigen Geschmack annehmen. Beliebte Rezepte mit Täublingen: ***Gratins*** (gemischt mit Erdäpfeln) oder ***gefüllte Täublinge.*** Zum Trocknen und Einfrieren sind Täublinge nicht gut geeignet.

Zubereitungsarten: jung und in kleinen Mengen auch roh; braten, dünsten, im Ganzen im Ofen schmoren.

Judasohr

AURICULARIA AURICULA-JUDAE /
ORDNUNG: AURICULARIALES (OHRPILZE)

Fruchtkörper: *etwa 5 bis 12 cm breit und bis zu 7 cm hoch, ohren- oder muschelähnliche Form, runzelig bis geädert;* ***Farbe:*** *Rotbraun bis Purpur oder Violett;* ***Saison:*** *ganzjährig, auch bei Schneefall.*

MERKMALE

Wächst ohne Stiel oder mit extrem kurzem Stielansatz ***auf hölzernem Substrat.*** Die Form erinnert an ***Muscheln, menschliche Ohren oder Wolkengebilde.*** Die Außenseite ist faltig bis runzelig und fühlt sich samtig an, die Unterseite ist glatt und geädert. Die Konsistenz ist meist ***gallertartig,*** der Fruchtkörper kann aber in Trockenzeiten auch schrumpfen und aushärten (bei Nässe weichen die Pilze wieder auf). Farben: Rotbraun, Olivbraun, Purpur oder Violett.

FUNDORTE

Vorzugsweise auf totem oder ***absterbendem Holunderholz,*** aber auch an Laubbäumen.

In Österreich relativ weit verbreitet, vor allem ***im westlichen Vorarlberg,*** wegen der häufigen Föhnwetterlagen, die der Pilz liebt, ***im Inntal, im Salzkammergut,*** im Grenzbereich von ***Wald- und Weinviertel, in Unterkärnten, der östlichen Steiermark und im Mittelburgenland.***

NAMENSKUNDE

Der Legende nach hat sich Judas nach seinem ***Verrat an Jesus*** an einem Holunderbaum erhängt, einer bevorzugten Wirtspflanze des parasitären Pilzes. Nach der Wirtspflanze wird er auch ***Holunderschwamm*** genannt, wegen seiner Beliebtheit in der asiatischen Küche ***chinesische Morchel*** und wegen seiner Form ***Wolkenohr*** oder ***Ohrlappenpilz*** (analog dazu in China: *Mu-Err*, was Holzohr oder Baumohr bedeutet).

DOPPELGÄNGER

Es gibt keine Ähnlichkeiten mit gefährlichen Giftpilzen; Verwechslungen mit dem ungenießbaren ***Gezonten Ohrlappenpilz*** sind möglich. Dieser weist auf der Oberseite allerdings Strukturen auf, die an Jahresringe erinnern.

KÜCHE

Das Judasohr findet vor allem in der ***asiatischen Küche*** Verwendung und gilt wegen der reichlich vorhandenen Vitamine und Mineralstoffe in der ***Traditionellen Chinesischen Medizin*** als besonders gesunder Vitalpilz. Die ***antithrombotische Wirkung*** ist durch Studien belegt, die cholesterinsenkende und blutverdünnende Wirkung ebenfalls. Kolportiert wird auch eine aphrodisierende Wirkung. ***Mu-Err*** wird auch in Asien gezüchtet und gelangt häufig ***in getrocknetem Zustand*** in den Handel. Beim Wässern über Nacht quillt der Pilz sehr stark auf.

Zubereitungsarten: meist in Streifen oder mundgerechte Stücke geschnitten; in Suppen, Wok-Gerichten und Speisen mit Nudeln oder Reis.

Kaiserling

AMANITA CAESAREA / AGARICALES (BLÄTTERPILZE)

Hut: *bis 15 cm breit, orangerot bis leuchtend rot; anfangs eiförmig aus dem Velum wachsend, später gewölbt bis flach;* ***Stiel:*** *bis 15 cm lang und bis 3 cm breit;* ***Saison:*** *Juli bis Oktober.*

MERKMALE

Der Kaiserling wächst anfangs eiförmig in einer ihn ganz umschließenden Hülle, dem Velum universale. Diese bricht bald auf. Der ***orangerote bis knallrote Hut*** schirmt dann auf, nimmt eine gewölbte bis flache Form ein und reißt am Rand oft auf. An der Stielbasis bleibt eine ***weiße Volva*** (Scheide) bestehen. Der ***zitronengelbe Stiel*** ist unten verdickt und trägt einen herabhängenden Ring gleicher Farbe. Die dichten Lamellen sind blassgelb, ebenso das Hutfleisch.

FUNDORTE

Der Kaiserling liebt die ***Wärme.*** Dementsprechend ist sein Vorkommen in Österreich sehr beschränkt, weshalb er auch als ***schützenswert*** gilt. Vorzugsweise wächst er in Gesellschaft mit Eichen und Edelkastanien. Es gibt nur wenige dokumentierte Fundorte in der ***südlichen Steiermark*** sowie im ***Mittel- und Südburgenland.***

NAMENSKUNDE

Der Kaiserling war bereits im alten Rom ein beliebter Speisepilz und musste bei den Herrschenden abgeliefert werden. Wer das nicht tat, riskierte hohe Strafen. ***Julius Cäsar*** soll einer der größten Kaiserling-Liebhaber gewesen sein, was dem Pilz letztlich seinen Namen verlieh. Bei uns wird der Pilz volkstümlich ***Koaser*** oder ***Koaserer*** genannt.

DOPPELGÄNGER

Der Kaiserling kann vor allem im jungen Stadium mit dem ***Fliegenpilz*** verwechselt werden. Es gibt jedoch deutliche ***Unterscheidungsmerkmale***. Die Stielbasis des Fliegenpilzes verfügt über keine Volva; sie ist zu einer Knolle verdickt, die mit warzigen Schuppen überzogen ist. Außerdem ist sie im Gegensatz zum Kaiserling weiß.

Fliegenpilz

Die Velumreste bleiben beim Fliegenpilz, sobald er aus seiner warzigen Hülle bricht, als ***weiße Pusteln*** auf der Huthaut kleben. Beim Kaiserling ist das nur selten der Fall. Jedoch können auch die Fliegenpilzpusteln durch starken Regen abgewaschen werden.

KÜCHE

Der Kaiserling ist einer der wenigen Pilze, die ***fast ausschließlich roh*** genossen werden. Sehr beliebt ist er im noch eiförmigen Stadium als nussig-aromatisches „Tüpfelchen auf dem i“ in Salaten. Er wird ***meist hauchdünn***, ähnlich wie Trüffeln, über das Gericht gehobelt oder pur, nur mit etwas Olivenöl, Zitronensaft, Salz und Pfeffer, genossen.

Krause Glucke

SPARASSIS CRISPA / ORDNUNG: POLYPORALES (PORENPILZE)

Gestalt: *rundlich, ähnlich einem groben Schwamm oder einem Salathäuptel. Der bis zu 40 cm breite und bis zu fünf Kilo schwere Pilz wächst auf Holz;* ***Farbe:*** *Cremefarben bis Hellgelb;* ***Saison:*** *August bis Oktober.*

MERKMALE

Die Krause Glucke ist ein Porenpilz, der ***ohne Stiel*** auf hölzernem Substrat wächst und Braunfäule hervorruft. Ähnlich wie Karfiol bildet der Pilz einzelne ***helle Strünke,*** die aneinandergrenzend die Form einer ***ausfransenden Halbkugel*** ergeben. Die einzelnen Verästelungen laufen blattartig aus, die ***Oberfläche fühlt sich glatt an.*** Der Pilz ist anfangs fast weiß und dunkelt später deutlich ins Bräunliche nach.

FUNDORTE

Der Pilz wächst an der Stammbasis oder auf oberirdischen Wurzeln von ***Kiefern*** oder ***Fichten.*** Vorsicht: Man sollte ihn nicht allzu tief abschneiden, weil er häufig an der gleichen Stelle wieder wächst, was bei radikaler Entfernung des Mycelansatzes nicht mehr möglich ist. In ***lichten Wäldern*** ist die Krause Glucke eher zu finden als in dichten. Dokumentierte Fundorte: ***nördliches Niederösterreich, Bucklige Welt, Mittelburgenland, Südkärnten, Südoststeiermark.***

NAMENSKUNDE

Warum die Glucke kraus ist, wird beim Betrachten schlagartig klar. Die Bezeichnung Glucke spielt darauf an, dass der Pilz engen Kontakt mit dem Substrat braucht, auf dem er wächst; er heißt im Übrigen auch ***Fette Henne.*** Andere volkstümliche Namen lauten ***Bärentatze, Ziegenbart, Morchelbock*** oder ***Pilzkönig.*** In ländlichen Gebieten Österreichs wird er auch ***Kälberreisl*** genannt, weil seine Gestalt an die Bauchfellfalte, das Gekröse, von Kälbern erinnert.

DOPPELGÄNGER

Es gibt ***keine gefährlichen Doppelgänger*** dieses Pilzes.

KÜCHE

Obwohl die Krause Glucke eher seltsam aussieht, ist sie ein delikater und auch einfach zu handhabender Speisepilz. Der Glucke schadet es nicht, wenn man sie ***gründlich mit Wasser spült***; sie ***hält sich auch im Kühlschrank länger*** als andere Pilze. In Stücke gezupft, kann der Pilz für ***Nudelsaucen*** verwendet werden. Man kann ihn auch ***panieren oder sautiert*** als Beilage reichen. Getrocknet ergibt die Krause Glucke sehr intensives, nussiges Pilzpulver.

Maronenröhrling

XEROCOMUS BADIUS / ORDNUNG: BOLETALES (RÖHRENPILZE)

Hut: *bis zu 15 cm breit, anfangs halbkugelig, später flach bis polster-förmig, Röhrengewebe auf Druck grünblau verfärbend;* ***Stiel:*** *bis zu 12 cm lang und 4 cm breit;* ***Saison:*** *Juni bis November.*

MERKMALE

Maronenröhrlinge landen häufig bei der ***Steinpilzsuche*** im Korb. Und es besteht tatsächlich eine gewisse Ähnlichkeit. Die jungen halbkugeligen Hüte der Maronenröhrlinge schirmen später flach auf; die ***ausgebuchteten hellolivfarbenen Röhren*** sind sehr oft auch aus erhöhter Position sichtbar. Die ***Huthaut ist kastanien- bis dunkelbraun*** und feucht bis schmierig. Am zylindrischen Stiel ist eine ***braune Längsfaserung*** zu sehen. Typisch für den Maronenröhrling ist die ***blaugrüne Verfärbung der Röhren auf Druck.*** Auch das Pilzfleisch verfärbt sich an der Schnittfläche für einige Zeit.

FUNDORTE

Weit verbreitet in ***Nadel-, seltener in Mischwäldern;*** einer der häufigsten Speisepilze in Österreich. Gute Fundorte: ***entlang der Alpen, nördliches Niederösterreich, Wienerwald, Salzkammergut, Steiermark, Burgenland (Leithagebirge), Kärnten.***

NAMENSKUNDE

Der Maronenröhrling erhielt seinen Namen wegen der kastanienbraunen Hutfarbe. Er wird auch ***Braunkappe, Braunkopf, Frauenschwamm, Marienpilz oder Bräunling*** genannt. Im steirischen Dialekt heißt er oft ***Marauni.***

DOPPELGÄNGER

Keine Verwechslungsgefahr mit gefährlichen Giftpilzen, jedoch mit dem ***Gallenröhrling,*** der ungenießbar ist und bitter schmeckt. Bei der Druckprobe verfärben sich die Röhren des Gallenröhrlings rosa bis rötlich. Statt der Fasern am Stiel hat er ein Netzgewebe.

KÜCHE

Kulinarisch gesehen ist der Maronenröhrling ein durchaus ***wertvoller Pilz***, der vielfältig einsetzbar ist, egal ob mit ***Kräutern sautiert, in Nudelsaucen oder kurz gebraten*** auf Salaten. Die häufig zu findenden Pilze haben allerdings einen nicht zu unterschätzenden Nachteil: ***Sie speichern Schadstoffe besonders gut,*** darunter auch ***Cäsium-137.*** Das liegt an einem speziellen Farbstoff im Hut, der radioaktive Elemente leicht aufnehmen kann. Deshalb ist es ratsam, die ***Huthaut vor dem Garen abzuziehen.***

Zubereitungsarten: braten, dünsten, trocknen, zu Pulver mahlen, in Essigmarinade oder Öl einlegen.

Parasol

MACROLEPIOTA PROCERA / ORDNUNG: AGARICALES (BLÄTTERPILZE)

Hut: *bis zu 25 cm breit, paukenschlegelförmig bis flach, braune abstehende Schuppen;* ***Stiel:*** *bis zu 30 cm lang und 2 cm breit; doppelter verschiebbarer Ring;* ***Saison:*** *Juli bis Oktober.*

MERKMALE
Der Parasol ist ***einer der größten heimischen Speisepilze.*** In der Jugend kennzeichnet ihn ein cremefarbener kugelförmiger Hut, der an die Form eines Paukenschlegels erinnert. Schon in dieser Phase ist der Hut mit hellbraunen Schuppen übersät. Die Lamellen sind dicht und weiß, später cremefarben. Der Stiel ist ***schlank, mit brauner Natterung gezeichnet,*** später hohl und zäh und an der Basis keulig verdickt (ohne Scheide). Der ***doppelte Ring*** ist verschiebbar.

FUNDORTE
Laub- und Nadelwälder, bevorzugt in nicht allzu dichter Vegetation; deshalb auch auf ***Heiden, Weiden und Wiesen*** in beträchtlichen Gruppen

zu finden. In Österreich weit verbreitet. Schwerpunkte: ***Niederösterreich, Steiermark, Salzkammergut, Mittelburgenland und Kärnten.***

NAMENSKUNDE

Der Größte aus der Familie der Champignonartigen wird auch ***Riesenschirmling*** oder ***Schirmpilz*** genannt. Parasol stammt aus dem Französischen und bedeutet ***„Sonnenschirm“.*** Volkstümliche Namen sind auch ***Schulmeisterpilz,*** was vielleicht auf seine aufrechte, dominante Erscheinung zurückzuführen ist. Der Beiname ***Gugermucken*** existiert auch für den Perlpilz.

DOPPELGÄNGER

Entfernte Ähnlichkeit besteht mit dem ***Spitzschuppigen Stachelschirmling,*** der giftig ist. Er ist jedoch wesentlich kleiner und gedrungener, hat spitzkegelige braune Schuppen und riecht ekelerregend.

Vorsicht ist auch beim ***hochgiftigen Pantherpilz*** geboten. Er hat eine nicht unähnliche Statur, der Stiel wächst allerdings aus einer Scheide, der Ring ist angewachsen, und auf dem Hut sind fast immer (außer nach starken Regenfällen) weiße Flocken zu sehen.

Spitzschuppiger Stachelschirmling

Pantherpilz

KÜCHE

Ein Pilz mit arttypischer Verwendung: Die Hüte werden ***fast ausschließlich paniert und gebacken;*** ältere Exemplare sind jedoch schon matschig oder zäh. Aus den Stielen lässt sich intensives ***Pilzpulver*** herstellen.

Perlpilz

AMANITA RUBESCENS / ORDNUNG: AGARICALES (BLÄTTERPILZE)

Hut: *bis zu 15 cm breit, mit blassroten Flocken;* ***Stiel:*** *bis zu 15 cm lang und 3 cm breit; geriefter Ring, rötendes Fleisch bei Verletzungen und Madengängen;* ***Saison:*** *Juni bis Oktober.*

MERKMALE

Der Hut ist ***anfangs kugelig*** und schirmt später bis zu mäßiger Wölbung auf. Auf der Hutoberfläche bleiben ***blassrote bis hellgraue Velumreste als Flocken***, die nicht allzu fest haften und bei Regen abgewaschen werden können. Die dichten Lamellen sind anfangs weiß, später mit rötlichen Flecken versehen. ***Der Ring ist manschettenartig*** und gerieft. Die Stielbasis ist knollig. Die Huthaut ist leicht abziehbar. Man sollte das schon im Wald erledigen, denn die Haut wird erstens beim Kochen zäh, zweitens verfärbt sich das Fleisch darunter ebenfalls rötlich, was die Bestimmung erleichtert.

FUNDORTE
Weit verbreitet in ***Laub- und Nadelwäldern*** und in großen, naturnahen Parks. Vorkommen in allen pilzträchtigen Gebieten Österreichs.

NAMENSKUNDE
Der wegen seiner Flocken so genannte Perlpilz heißt auch ***Rötender Wulstling, Perlwulstling, Waldchampignon, Fleischchampignon*** oder ***Guckemucken.*** Die leicht abziehbare Huthaut verlieh ihm auch den Namen ***Schälpilz.***

DOPPELGÄNGER
Es gibt zwei gefährliche Doppelgänger, die tödliche Wirkung haben können. Der ***Pantherpilz*** hat ebenfalls Flocken auf dem Hut, der Rand ist aber gerieft. ***Beim Abziehen der Huthaut bleibt das Fleisch, wie auch sonst überall am Pilz, weiß.*** Der Ring ist nicht gerieft, der Stiel deutlich von der Knolle abgesetzt – als würde der Pilz in der Knolle stecken. Der ***Braune Fliegenpilz*** oder Königsfliegenpilz hat eine gewarzte, knollige Stielbasis; ***auch er verfärbt sich bei Verletzungen nicht.*** Die fehlende Rötung ist also ein wichtiges Unterscheidungsmerkmal. Dennoch sollte man Perlpilze ***nur sammeln, wenn man sie einwandfrei bestimmen kann.***

Pantherpilz

Brauner Fliegenpilz

KÜCHE
Perlpilze sind ***roh giftig,*** die Toxine aber hitzelabil. Die Garzeit sollte ***mindestens 15 Minuten*** betragen. Zubereitung: Pilzrisotto oder Omelettes.

Riesenbovist

LANGERMANNIA GIGANTEA / ORDNUNG: AGARICALES (BLÄTTERPILZE)

Fruchtkörper: *anfangs wie ein weißer Ball mit ausgelassener Luft, später braun; weist dicke Mycelstränge auf; bis zu 50 cm Durchmesser, kein Stiel;* ***Saison:*** *Juni bis September.*

MERKMALE

Der größte unter den heimischen Bovisten wächst an dicken Mycelsträngen direkt auf der Erde. Anfangs ist er ***fast reinweiß*** und hat die ***Form eines kaputten Balles.*** Die Haut ist glatt und ledrig. Das Fruchtfleisch ist anfangs ebenfalls weiß und von fester Konsistenz. Später verfärbt sich der Bovist gelbbraun bis braun, ***die Haut wird papieren und platzt schließlich auf.*** Das Fruchtfleisch verliert seine Festigkeit und zerbröselt staubig. Beim Aufplatzen verströmt der Bovist so viele Sporen wie kaum ein anderer Pilz – bis zu sieben Billionen. Ausnahmeexemplare können bis zu 25 Kilo schwer werden.

FUNDORTE

Der Riesenbovist wächst meist an immer gleichen Stellen, weshalb es sich auszahlt, Fundstellen beispielsweise mit GPS zu markieren. Er kommt vor allem auf ***Wiesen und Weiden, in Gärten und auf Waldlichtungen*** vor. In Österreich ist er nicht häufig anzutreffen, Funde sind in ***Oberösterreich*** und im ***Wald- und Weinviertel*** dokumentiert.

NAMENSKUNDE

Der Name Bovist stammt aus dem Frühhochdeutschen und setzt sich aus „vohe“ (Füchsin) und „fist“ (Darmwind) zusammen. Er bedeutet also ***Fuchsfurz.*** Die Bezeichnung bezieht sich auf das Geräusch, das Boviste beim Entlassen des Sporenpulvers von sich geben. Dieses Pulver hat dem Bovist auch den volkstümlichen Namen ***Nonnenfurz*** eingetragen. Ein weiterer Name des Pilzes lautet ***Blutschwamm.*** Die ledrige Haut der Boviste wurde nämlich in früheren Jahrhunderten auf Wunden und wundgeriebene Stellen gelegt, um Blutungen zu stoppen; aus dieser Zeit resultiert auch die Bezeichnung ***Fungus chirurgorum,*** die jedoch auch für den ähnlich genutzten Zunderschwamm gebräuchlich war.

DOPPELGÄNGER

Keine gefährlichen Doppelgänger, allenfalls der giftige ***Kartoffelbovist,*** der jedoch in allen Stadien mit braunen, warzigen Pusteln besetzt ist. Auch sein Inneres ist stets bräunlich und riecht ekelerregend.

Kartoffelbovist

KÜCHE

Der Riesenbovist wird ausschließlich im weißen Zustand verzehrt. Die weitgehend einzige Art der Zubereitung besteht darin, ihn – in Scheiben geschnitten – zu panieren und in Fett zu backen.

Schopftintling

COPRINUS COMATUS / ORDNUNG: AGARICALES (BLÄTTERPILZE)

Hut: *bis zu 6 cm breit und 15 cm hoch, in der Jugend weiß und länglich eiförmig mit weißen Schuppen, später glockig;* ***Stiel:*** *bis zu 15 cm lang und 2 cm breit;* ***Saison:*** *Mai bis November.*

MERKMALE

Schopftintlinge sind ***besonders rasch vergängliche Pilze.*** Sie bilden in ihrer kurzen Existenz als Fruchtkörper alterstypische Merkmale aus. Junge Pilze ragen weiß und wie ein langgezogenes Ei aus dem Boden; der Hut ist anfangs mit relativ großen weißen Schuppen, die später braun werden, bestückt. Am dünnen weißen Stiel mit leicht verdickter Basis befindet sich weiter unten ein Ring, der im Lauf der Zeit abfällt. Die ***Lamellen sind anfangs weiß, später rosafarben*** und werden in der Spätphase schwarz. Sobald der Hut sich glockenförmig geöffnet hat, setzt der bei Tintlingen typische Zerfallsprozess ein. Die Hutränder zerfließen von außen nach innen tintig schwarz.

FUNDORTE
Meist in großer Zahl auf Wiesen, in Parks, an Wegen, am Waldrand und im Wald selbst. Fundorte: ***Vorarlberg, Inntal, Oberösterreich, Salzburg, Klagenfurter Becken, Graz-Umgebung, Niederösterreich, Mittelburgenland.***

NAMENSKUNDE
Der Name Tintling (auch Tintenschwamm) deutet auf den Zerfallsprozess der Pilze hin. Tatsächlich wurde die zähe schwarze Masse, die sich im alten Pilz bildet und abfließt, früher – gemischt mit Gummi arabicum – ***als Tinte für das Schreiben mit Gänsekielen*** verwendet. Junge Pilze ragen wie weiße Porzellanklöppel aus dem Boden, daher auch der Name ***Porzellantintling. Spargelpilz,*** weil früher die Stiele gebündelt gesammelt und als Spargelersatz gegessen wurden.

DOPPELGÄNGER
Verwechslungsgefahr besteht nur mit dem artverwandten ***Faltentintling,*** der eine Eigenheit aufweist: Der Verzehr verursacht ***in Kombination mit***

Faltentintling

Alkohol Übelkeit, Schweißausbrüche und Schwindel. Auslöser ist die Substanz ***Coprin,*** die in deutlich schwächerer Dosierung auch im Schopftintling vorkommt, weshalb auch da Vorsicht bei der alkoholischen Essensbegleitung angesagt ist. Der Hut des Faltentintlings wächst weniger hoch, ist glockiger, breiter und dunkler. Der Stiel hat keinen Ring.

KÜCHE
Verwertbar sind nur ***junge weiße Exemplare;*** bereits schwarze sind verdorben. Die Stiele lassen sich gut zu Pulver verarbeiten. Zubereitungen: Salate und Suppen, mit Kräutern gebraten, paniert, in Nudelsaucen oder Reisgerichten.

Semmelstoppelpilz

HYDNUM REPANDUM / ORDNUNG: CANTHARELLALES (LEISTENPILZE)

Hut: *bis zu 12 cm breit, semmelgelb, auf der Unterseite dichte cremefarbene Stacheln;* ***Stiel:*** *bis zu 6 cm lang, bis zu 3 cm breit;* ***Saison:*** *Juli bis November.*

MERKMALE

Charakteristisch sind vor allem zwei Merkmale: Der Hut, im jungen Stadium gewölbt und später flach mit regelmäßigen Vertiefungen und gewelltem Rand, hat die Farbe einer gebackenen Semmel. Unter dem Hut sitzen dicht gedrängte cremefarbene ***Stacheln, die bei Berührung leicht abfallen***. Der zylindrische, fast weiße Stiel ist eher kurz und gedrungen. Häufig wachsen die Pilze sehr eng nebeneinander, sodass ***an den Hüten zusammengewachsene Mehrlinge*** nicht selten sind. Im Alter wird das schmutzig-weiße bis blassgelbe Fleisch bitter.

FUNDORTE
In der Wahl seiner Partner ist der Mykorrhizapilz nicht allzu wählerisch. Er vergesellschaftet sich mit ***Buchen, Eichen, Fichten*** oder ***Tannen,*** ist jedoch auch unter anderen Bäumen zu finden. Gerne bildet er auch ***Hexenringe*** aus. Häufig dokumentierte Fundorte: ***Vorarlberg, Kärnten, Grenzregion Salzburg/Oberösterreich, Waldviertel, Wiener Umgebung, Südburgenland, Bucklige Welt, Ötschergebiet.***

NAMENSKUNDE
Die Namen des Semmelstoppelpilzes werden allein durch sein Aussehen plausibel. Er wird auch ***Semmelpilz, Semmelstachling*** oder – wegen seiner weizengelben Farbe und der entfernten Ähnlichkeit mit Eierschwammerln – ***Woazrecherl*** genannt.

DOPPELGÄNGER
Verwechselt kann der Semmelstoppelpilz allenfalls mit dem ***Semmelporling*** werden. Der ist zwar nicht giftig, aber wegen seiner Bitterkeit ungenießbar. Zu unterscheiden sind die beiden Pilze durch eine ***weiße Röhrenschicht an der Hutunterseite,*** die weit den Stiel hinabreicht und sich nicht leicht vom Hutfleisch trennen lässt.

Semmelporling

KÜCHE
Semmelstoppelpilze sollten ***vor dem Genuss abgekocht*** werden, da sie leicht bitter schmecken. Sie werden häufig ***als intensive Komponente in Pilzmischgerichten*** verwendet, eignen sich aber auch hervorragend ***zum Einlegen in Essigmarinade*** oder zum Trocknen. Manche Pilzliebhaber empfehlen, die ***Stoppeln vor dem Kochen abzureiben,*** da sie im Gericht sonst wie kleine Maden aussehen.

Speisemorchel

MORCHELLA ESCULENTA / ORDNUNG: PEZIZALES (BECHERLINGE)

Hut: *mit wabenartigen hell- bis dunkelbraunen Kammern, bis zu 12 cm hoch, 6 bis 8 cm breit;* ***Stiel:*** *weiß bis blassgelb, bis zu 8 cm hoch;* ***Fruchtkörper:*** *hohl;* ***Saison:*** *April bis Mai.*

MERKMALE

Die Fruchtkörper der Morcheln bestehen aus ***Hut und Stiel, die nahtlos miteinander verwachsen sind;*** man kann also den Hut nicht wie bei vielen anderen Pilzen durch leichtes Drehen vom Stiel brechen. Typisch sind Form und Struktur des Hutes: Er ist ***eiförmig, an der Spitze sanft abgerundet*** und von unregelmäßigen wabenartigen Kammern überzogen. Die Farbe changiert von Ocker bis Hellbraun, bisweilen auch mit einem leicht graubraunen Einschlag. Der Stiel ist weiß bis hellgelb mit einer sanft gekörnten Oberfläche. Der gesamte Fruchtkörper ist hohl. Sehr ähnlich sieht die ***nahe verwandte Spitzmorchel,*** ebenfalls ein köstlicher Speisepilz, aus, nur ist ihr Hut etwas zugespitzter und dunkler.

FUNDORTE

Hauptsächlich in ***Auwäldern,*** manchmal auch in ***Laubwäldern;*** oft auf ***Lichtungen.*** Bevorzugte Standorte sind zudem sandige Böden und Holzschlagplätze. Gut dokumentierte Fundorte: entlang des ***Rheins, der Mur und der Drau, in Ufernähe der Salzkammergutflüsse*** und in den ***Auwäldern im Donaugebiet.***

NAMENSKUNDE

In diesem Fall stammt der deutsche Name vom lateinischen ab. Die Speisemorchel ist, wie der Name sagt, die beste unter den genießbaren Morchelarten. Volkstümlich ***Löcherschwamm*** oder ***Maipilz*** – eine Bezeichnung, die auch für den Mairitterling verwendet wird; in der Steiermark auch ***Marauchel.***

DOPPELGÄNGER

Die Speisemorchel hat eine sehr giftige Verwandte: die ***Frühjahrslorchel.*** Unterscheidungskriterien: Der rotbraune Hut der Frühjahrslorchel wächst unregelmäßiger, statt wabenartiger Vertiefungen ist er ***von Wülsten überzogen,*** die an die Konturen eines Gehirns erinnern. Bei feuchtem Wetter werden diese Wülste glitschig-glänzend.

Frühjahrslorchel

KÜCHE

Wegen ihrer Hutstruktur müssen Speisemorcheln meist gewaschen werden. Sie ***verfeinern Saucen*** zu Fleisch oder Gemüse (am besten Spargel), werden in Eier-, Reis- und Nudelgerichten verwendet oder pur in der Pfanne geschwenkt.

Zubereitungen: roh unbekömmlich; braten, dünsten, füllen und schmoren; sehr gut zum Trocknen geeignet.

Steinpilz

BOLETUS EDULIS / ORDNUNG: BOLETALES (RÖHRENPILZE)

Hut: *bis zu 20 cm breit, hell- bis dunkelbraun, gewölbt;* ***Stiel:*** *bis zu 15 cm lang, bis zu 5 cm Durchmesser, bauchig bis zylindrisch mit Netzmuster;* ***Saison:*** *Juli bis Oktober.*

MERKMALE

Bei den Steinpilzen ist das ***Röhrengewebe auf der Hutunterseite*** in jungem Zustand ***fest und weiß,*** später schwammiger und gelb bis olivgrün. Junge Pilze haben einen dickbauchigen, fast kugelförmigen Stiel, der später zylindrisch wird. Dieser Stiel ist mit einem feinen ***Netzmuster*** überzogen.

Die hell- bis dunkelbraune Hutoberseite entwickelt sich im Lauf des Wachstums ***von der Halbkugel zum gewölbten Schirm***.

FUNDORTE

Sehr häufig in ***Symbiose mit Fichten,*** aber auch in Laubwäldern und an ***Waldrändern***. Vorkommen fast im gesamten alpinen Raum – von ***Westösterreich*** bis in die ***Steiermark,*** aber auch in den ***Wäldern Oberösterreichs, des Mittel- und Südburgenlandes und des Waldviertels.***

NAMENSKUNDE
Steinpilz, weil vor allem junge helle und gerade aus dem Boden gebrochene Exemplare ***wie Steine*** aussehen. Es gibt mehrere Arten von Steinpilzen, etwa den ***Sommersteinpilz***, den ***Eichensteinpilz***, den rötlichen ***Kiefernsteinpilz*** oder den graubraunen ***Schwarzhütigen Steinpilz***; sie sind alle genießbar.

Andere Namen: ***Herrenpilz***, weil Bauern in alten Zeiten gefundene Pilze bei der Herrschaft abliefern mussten.

Dobernigel (auch Doberniggl oder Dobernig) in den Zeiten der Monarchie, was auf das ***tschechische Wort für gut*** – dobrý – zurückzuführen ist. (Der Ausdruck ist auch in Kärnten noch selten gebräuchlich.) Im süddeutschen und westösterreichischen Raum auch: ***Pfunscha, Küefotzn, Gschlachter, Woazerl.***

DOPPELGÄNGER
Keine gefährlich giftigen Pilze. Der Steinpilz kann vor allem in jungem Zustand mit dem ***Gallenröhrling*** verwechselt werden, der zwar nicht giftig ist, aber ***unangenehm bitter*** schmeckt und ein Pilzgericht völlig verdirbt. ***Unterscheidungsmerkmal:*** Die Röhren des Gallenröhrlings verfärben sich auf Druck rötlich.

KÜCHE
Steinpilze sind vielfältig einsetzbar. Jüngere gesunde Exemplare schmecken ***auch roh*** hervorragend. In getrocknetem Zustand entwickeln die Pilze ein intensives, prototypisches Pilzaroma. Wichtig ist jedoch, dass Steinpilze ***nie gewaschen, sondern nur gründlich trocken geputzt*** werden.

Zubereitungsarten: roh, gebraten, in Panier gebacken, in Nudel- und Reisgerichten, gratiniert, in Saucen auf Obers- oder Rahmbasis, getrocknet und wieder gewässert, pulverisiert als Würzmittel.

Stockschwämmchen

KUEHNEROMYCES MUTABILIS / ORDNUNG: AGARICALES (BLÄTTERPILZE)

Hut: *bis zu 8 cm breit, honigfarben, gewölbt mit kleinem Buckel in der Mitte;* ***Stiel:*** *bis zu 8 cm lang und etwa 0,5 cm breit, zweifärbig mit Ring;* ***Saison:*** *Mai bis November.*

MERKMALE

Stockschwämmchen wachsen ***in großen Büscheln*** auf ***Baumstümpfen, umgefallenen Stämmen oder morschem Holz*** von Laub- und Nadelbäumen, wobei in höheren Lagen Nadelbäume bevorzugt werden.
Die Stiele sind an der Basis oft miteinander verwachsen. Sie sind sehr dünn und ***oft leicht gewunden,*** als würde der Pilz dem Licht entgegenwachsen.
Charakteristika: Der honigfarbene, ***am Rand geriefte Hut*** breitet sich mit dem Wachstum zusehends aus und hat in der Mitte einen helleren Buckel, die Lamellen auf der Unterseite sind anfangs hell-, später rostbraun. Am Stiel verbleibt ein ***brauner Ring, der eine***

farbliche und strukturelle Trennlinie bildet. Oberhalb des Ringes ist der Stiel hellgelb, unterhalb honigfarben bis braun und mit kleinen braunen Schuppen überzogen.

FUNDORTE
Stockschwämmchen sind ***in allen klassischen Pilzregionen*** recht häufig zu finden.

NAMENSKUNDE
Das auf Holz wachsende Stockschwämmchen wird auch ***Stockschwammerl*** oder ***Laubschüppling*** genannt.

DOPPELGÄNGER
Das Stockschwämmchen hat zwei giftige Doppelgänger. Der ***Grünblättrige Schwefelkopf*** wächst ebenfalls auf Holz, hat aber gelbe bis grüne Lamellen, ***einen gelblichen Stiel ohne Ring und Schuppen.***

Der ***Gifthäubling,*** ein weiterer Holzbesiedler, entwickelt einen ausgebreiteten Hut, ist ***kleiner als das Stockschwämmchen*** und hat einen durchgehend gelb und braun gemusterten Stiel ohne Schuppen. Er ist sehr giftig und kann

Grünblättriger Schwefelkopf

Gifthäubling

noch dazu ***in Gesellschaft*** mit Stockschwämmchen wachsen.

KÜCHE
Bei den Stockschwämmchen werden ***meist nur die Hüte*** verwendet. Sie eignen sich gut zum ***Braten,*** für ***Nudelsaucen*** sowie ***Suppen*** und passen auch ***zu asiatischer Küche.*** Sehr gut machen sich ***eingelegte Stockschwämmchen*** auf einem kalten Vorspeisenteller.

Totentrompete

CRATERELLUS CORNUCOPIOIDES /
ORDNUNG: CANTHARELLALES (LEISTENPILZE)

Größe: *bis zu 12 cm hoch und oben 5 cm breit;* ***Hut:*** *trompetenförmig;* ***Stiel:*** *bildet mit dem Hut eine durchgehende hohle Einheit; außen dunkelgrau, innen schwarz;* ***Saison:*** *August bis November.*

MERKMALE
Hut und Stiel bilden eine sich nach oben ***trichterförmig verbreiternde hohle Einheit.*** Der obere ***Rand fächert leicht wellig auf,*** die Ränder sind etwas nach außen umgeschlagen. Die Innenseite ist fast schwarz und fühlt sich ***filzig*** an, die Außenseite ist dunkelgrau und ***runzelig.*** Die Konsistenz des gesamten Pilzes ist ***elastisch.*** In späterer Phase ist die Außenseite von weißem ***Sporenpulver*** überzogen.

FUNDORTE
Totentrompeten sind dort zu finden, wo es auch ***Rotbuchen*** oder ***Eichen*** gibt und kalk-

haltige Böden vorherrschen. Unter optimalen Bedingungen wächst der Pilz ***in großen Gruppen,*** manchmal sogar büschelweise. Bevorzugte Gebiete in Österreich: ***westliches Vorarlberg, Innviertel, Wald- und Weinviertel, Südkärnten, Wienerwald, Bucklige Welt, Südburgenland.***

NAMENSKUNDE

Unübersehbar trägt die Totentrompete den Namen wegen ihres Aussehens. Sie wird sehr häufig auch ***Herbsttrompete*** genannt oder ***Füllhorn.*** Ihre reiferen, Eierschwammerln leicht ähnliche Form hat ihr auch den volkstümlichen Namen ***Schwarzrecherl*** (Recherl ist ein Ausdruck für Eierschwammerln) eingetragen.

DOPPELGÄNGER

Totentrompeten sind eine sichere Bank. Man kann sie ***mit keinem heimischen Giftpilz verwechseln***.

KÜCHE

Totentrompeten gehören zu den besten Speisepilzen und sind ***vielseitig verwendbar.*** Trifft man auf eine Kolonie, sammelt man am besten ***nur jüngere Pilze,*** denn die älteren sind oft schon rettungslos durchnässt. Totentrompeten sollten, egal für welche Verwendung, ***keinesfalls gewaschen*** werden. Um das Innere des Trichters zu reinigen, ***halbiert man sie am besten der Länge nach*** und entfernt Verunreinigungen oder kleine Insekten mit einem schmalen, mittelsteifen Pinsel.

Zubereitungsarten: klein gehackt als Würzzutat für Saucen oder Eiergerichte, als Trüffelersatz für Pasteten, sautiert als Beilage zu Fisch und Fleisch. Totentrompeten lassen sich auch ***hervorragend trocknen*** und zu Pilzpulver weiterverarbeiten.

Wiesenchampignon

AGARICUS CAMPESTRIS / **ORDNUNG: AGARICALES (BLÄTTERPILZE)**

Hut: *bis zu 12 cm breit, weiß, flach gewölbt mit seidiger Oberfläche, rosa bis braune Lamellen;* ***Stiel:*** *bis zu 7 cm lang und 2 cm breit; dünner weißer Ring;* ***Saison****: Juni bis Oktober.*

MERKMALE

Der Hut ist ***anfangs halbkugelig*** und entwickelt eine ***gewölbte, in der Mitte abgeflachte Form.*** Er ist in fast allen Stadien weiß, spät entstehen ***bräunliche Schuppen***. Das Velum ist anfangs nahtlos mit dem Stiel verwachsen und hinterlässt nach dem Aufreißen einen ***weißen Ring, der oft verkümmert*** und abfällt. Die ***Lamellen sind zu Beginn hell- bis altrosa*** und bräunen später nach. Im Anschnitt verfärbt sich das Pilzfleisch zart rosa.

FUNDORTE

Sie wachsen auf ***Weiden, in Parks, auf Pferdekoppeln, an Ackerrändern, auf Waldlichtungen oder an Wegrändern.***

NAMENSKUNDE
Wiesenchampignons werden auch ***Egerlinge*** genannt. Volkstümliche Namen: ***Ackerling, Edelpilz, Brachschwammerl.***

DOPPELGÄNGER
Zwei ähnliche und sehr giftige Pilze machen die Suche nach Wiesenchampignons schwierig. Der ***Karbolegerling*** entwickelt auf dem Hut gelbliche Flecken, im Anschnitt ***verfärbt sich sein Fleisch deutlich gelb.*** Typisch ist auch der ***Karbolgeruch,*** der beim Zerreiben der Lamellen stark strömt. Karbolegerlinge sind nicht tödlich giftig, verursachen aber schwere Verdauungsbeschwerden.

Tödlich kann dafür der Verzehr von ***Weißen Knollenblätterpilzen*** enden, die Wiesenchampignons vor allem ***jung in der Hutform ähneln.*** Die Giftpilze haben allerdings ***weiße Lamellen,*** weshalb man Wiesenchampignons erst sammeln sollte, wenn der Blick auf deren Lamellen frei ist. Knollenblätterpilze haben eine ***knollige Stielbasis*** und stecken zudem in einer Volva.

Karbolegerling

Weißer Knollenblätterpilz

Die kann jedoch durch Schneckenfraß bereits deutlich dezimiert sein.

KÜCHE
Wiesenchampignons können ***wie Zuchtchampignons*** verwendet werden. Sie werden ***auch roh*** in Salaten genossen.

Zubereitungsarten: braten, dünsten, panieren, in Essig oder Öl einlegen, als Duxelles, in Eier-, Reis- und Nudelgerichten, als gefüllte Pilzköpfe.

Steinpilzsalat

ZUTATEN FÜR 4 PERSONEN

Zeitaufwand: 20 Minuten

300 g kleine, feste Steinpilze
2 Handvoll Rucola
Saft von 1 Zitrone
gutes Olivenöl (Extra Vergine)
Meersalzflocken
Pfeffer aus der Mühle
1 EL gehackte Petersilie
fein gehobelter Montasio
(ersatzweise Parmesan)

ZUBEREITUNG

1. Die Steinpilze behutsam säubern und mit einem Küchentuch abreiben. Die Pilze in dünne Scheiben schneiden und auf flache Teller verteilen.
2. Mit Rucola bestreuen, mit Zitronensaft und reichlich Olivenöl beträufeln und mit Meersalz, Pfeffer, Petersilie und Käse bestreuen.

Sauer eingelegte Schwammerl

ZUTATEN FÜR 4 SCHRAUB-GLÄSER ZU JE 250 ML

1 kg kleinere feste Eierschwammerl
250 ml Weißweinessig
125 ml Wasser
4 Lorbeerblätter
2 Gewürznelken
1 EL schwarze Pfefferkörner

ZUBEREITUNG

1. Die Eierschwammerl grob putzen und unter starkem Wasserstrahl rasch abspülen (das ist in diesem Fall zulässig, weil die Pilze gekocht werden).
2. Essig, Wasser und Gewürze in einem großen Topf aufkochen, Schwammerl hineingeben und zirka 10 Minuten köcheln lassen.
3. Schwammerl mit einem Lochsieb aus dem Sud heben und kurz ausdampfen lassen.
4. Anschließend in sterile Gläser füllen und vollständig mit dem Sud bedecken. In jedes Glas kann man 1 Lorbeerblatt und einige Pfefferkörner geben. Sofort heiß verschließen und kühl und dunkel lagern.

Gefüllte Morcheln auf Brennnesselspinat

ZUTATEN FÜR 4 PERSONEN

Zeitaufwand: 50 Minuten

24 große Spitz- oder Speisemorcheln
2 kleine Schalotten
1 Knoblauchzehe
2 EL Butter
150 g Hendlbrust
1 Eiklar
125 ml Obers
2 EL gehackte Kräuter (Kerbel, Petersilie, Melisse)
Salz, Cayennepfeffer
1 Schuss Sekt

Für den Brennnesselspinat:
2 Handvoll junge Brennnesseln
2 Handvoll junger Spinat
1 EL Nussöl
1 Spritzer Zitronensaft
Meersalz
gehackte Kräuter zum Garnieren

ZUBEREITUNG

1. Die Morcheln von den Stielen befreien und innen und außen mit kaltem Wasser kräftig abbrausen, damit sie vollständig von Sand und Erde befreit werden.
2. Schalotten und Knoblauch mit den Morchelstielen sehr fein hacken und in 1 EL Butter bei kleiner Hitze zugedeckt weich schmoren. Anschließend leicht salzen und abkühlen lassen.
3. Die Hendlbrust in 2 cm große Würfel schneiden. In einer Schüssel mit Eiklar und Obers vermischen und für 15 Minuten in das Tiefkühlfach stellen. Dann in einer Küchenmaschine möglichst fein pürieren, Kräuter und geschmorte Schalotten unterheben und mit Salz und Cayennepfeffer würzen.
4. Das Backrohr auf 200 °C Umluft vorheizen
5. Die Hendlmasse in einen Spritzbeutel füllen und in die Morcheln drücken.
6. Die Morcheln mit 1 EL Butter in eine ofenfeste Form geben, leicht salzen und im Backrohr etwa 12 Minuten braten. Aus dem Ofen nehmen, mit Sekt ablöschen, kurz durchschwenken und warm stellen.
7. Schutzhandschuhe anziehen, die Brennnesseln mit dem Spinat waschen und trocken schütteln. Beides in einer Pfanne in Nussöl zusammenfallen lassen und mit Zitronensaft und Meersalz abschmecken.
8. Gefüllte Morcheln mit Brennnesselspinat anrichten und mit gehackten Kräutern garnieren.

Bücher & Adressen

WISSENSWERTES FÜR PILZSAMMLER

BÜCHER

Pilzexperten der Nation

Das Ehepaar Portisch über Speisepilze und giftige Doppelgänger.
Traudi & Hugo Portisch: „Pilze suchen – Ein Vergnügen“, Orac Verlag, 214 Seiten, 20 Euro

Das Pilzbuch für Kinder

Alles über das Schwammerlfinden – kindergerecht erklärt.
Christine Schneider, Maurice Gliem: „Pilze finden!“, Ulmer Verlag, 128 Seiten, 10,20 Euro

Der dicke Pilzwälzer

Mehr als 1.200 Pilze und ihre Merkmale, dazu viel Wissenswertes über Biologie und Systematik.
Hans E. Laux: „Der große Kosmos Pilzführer“, Kosmos Verlag, 720 Seiten, 20,60 Euro

INTERNET

Pilzgesellschaft

Termine für Vorträge und Exkursionen der Österreichischen Mykologischen Gesellschaft: www.myk.univie.ac.at

Die besten Pilzplätze

Umfangreiche Datenbank mit vielen Karten und eingetragenen Fundorten aller heimischen Pilze: http://austria.mykodata.net

Foren und Sammlerseiten

Hier wird über alles diskutiert und informiert, was Pilzsammler wissen sollten:
www.pilzforum.at
www.pilzforum.eu
www.pilze-sammeln.com
www.pilzepilze.de

PILZBERATUNG

Pilze begutachten lassen

Adressen und Links der wichtigsten heimischen Beratungsstellen von Behörden und privaten Vereinen: www.myk.univie.ac.at/Pilzauskunft.htm

VERGIFTUNGSZENTRALE

24 Stunden besetzt

Die Vergiftungs-Informations-Zentrale der Medizinischen Universität Wien. Notruf: 01/406 43 43, www.meduniwien.ac.at/viz

Über den Autor

Klaus Kamolz wurde 1963 in Villach geboren und studierte Publizistik und Theaterwissenschaft. Der langjährige Redakteur und nunmehrige Kulinarik-Kolumnist des Nachrichtenmagazins *Profil* ist beim Magazin *Servus in Stadt & Land* für Küchen- und Gartenthemen zuständig.

PILZART	FUNDORT	DATUM